SITZUNGSBERICHTE DER DEUTSCHEN AKADEMIE
DER WISSENSCHAFTEN ZU BERLIN

Klasse für Sprachen, Literatur und Kunst
Jahrgang 1966, Nr. 3

MARTIN LEHNERT

STAND, METHODEN UND AUFGABEN DER BERLINER ANGLISTISCHEN SPRACHWISSENSCHAFT

AKADEMIE-VERLAG · BERLIN
1966

Vorgetragen und für die Sitzungsberichte angenommen in der Sitzung der Klasse für Sprachen, Literatur und Kunst am 11. 11. 1965, ausgegeben am 18. 5. 1966

Erschienen im Akademie-Verlag GmbH, 108 Berlin, Leipziger Straße 3—4

Lizenznummer: 202 · 100/204/66
Gesamtherstellung: IV/2/14 VEB Werkdruck, 445 Gräfenhainichen · 2623
Bestellnummer: 2010/66/V/3 · ES 7 F
Preis: 2,50

Nach zwanzigjähriger Wiederaufbauarbeit der Berliner Anglistik an der Humboldt-Universität seit ihrer Wiedereröffnung im Jahre 1946 scheint es angebracht, einen Blick auf das Erreichte und Erstrebte vorerst einmal des von mir vertretenen Teilgebietes der anglistischen Sprachwissenschaft zu werfen, zumal nur diese bislang mit einer Arbeitsstelle für Anglistik in der Deutschen Akademie der Wissenschaften zu Berlin vertreten ist. Bei diesem Überblick soll gezeigt werden, wie wir die besten Traditionen der anglistischen Berliner Schule fortzusetzen suchen unter Einbeziehung, Entwicklung und Ausbildung neuer Ergebnisse und Methoden der Forschung. Auf der Vervollkommnung der Methoden beruht weitgehend der eigentliche Fortschritt aller Wissenschaftsgebiete.

Die Zeit nach 1945 bedeutete für unsere Berliner Anglistik auch insofern einen Neubeginn, als nicht eine einzige vor dieser Zeit an unserem Englischen Seminar wirkende Lehrkraft bis auf mich dort ihre Tätigkeit fortsetzte. Abgesehen von dem materiellen, personellen und wissenschaftlichen Wiederaufbau standen zwei Aufgaben vorrangig vor uns: 1. die Schaffung geeigneter Lehrbücher, 2. der Wiederanschluß an die internationale Forschung. Für diese Aufgaben standen und stehen für Lehre, Forschung und Publikation jeweils nur ein Professor mit einem (teils zwei) Assistenten in den von uns betriebenen drei Teildisziplinen englische Sprachwissenschaft, englische Literatur, amerikanische Sprache und Literatur zur Verfügung.

Als erstes größeres Unternehmen gingen wir hier in Berlin an die für uns damals wirklich kühne Aufgabe der Gründung einer eigenen anglistischen Fachzeitschrift zunächst im DDR-Maßstab mit dem Ziel, die anglistische Lehr- und Forschungstätigkeit in der Deutschen Demokratischen Republik zu beleben, die anglistisch interessierte Öffentlichkeit über die internationalen Forschungsvorhaben und Ergebnisse auf dem Gebiet der englischen und amerikanischen Philologie zu unterrichten und eine Zusammenarbeit zwischen Schule, Universität und Öffentlichkeit auf unserem Fachgebiet herzustellen. Inzwischen liegen seit dem Erscheinen des ersten Heftes unserer „Zeitschrift für Anglistik und Amerikanistik" im Jahre 1953[1] nunmehr dreizehn stattliche Jahresbände zu je vier Heften vor, die internationale Anerkennung, Verbreitung und Mitarbeit gefunden haben. In unserer wissenschaftlichen Zeitschrift, welche die einzige rein anglistische Fachzeitschrift in den sozialistischen Ländern ist, sind in den dreizehn Jahren ihres Bestehens auch viele grundlegende linguistische Abhandlungen erschienen. Unser langjähriger verdienstvoller Redaktionssekretär und Lektor am Englisch-Amerikanischen Institut der Humboldt-Universität zu Berlin, Dr. Hans Lange, gab gleich im ersten Heft einen Überblick über die Lehrbuchproduktion für den Englischunterricht in der DDR seit 1945[2], der so beginnt: „Aus den geistigen und materiellen Trümmern, die die Herrschaft des Nazismus uns auch auf dem Gebiete des Erziehungswesens hinterlassen hat, mußte nach dem Zusammenbruch völlig neu aufgebaut werden." Rückblickend wirkt der damalige Stand der vorhandenen Lehrbuchproduktion äußerst unbefriedigend, um nicht zu sagen trostlos. Nicht einmal ein auch nur noch so bescheidenes Wörterbuch der englischen Sprache war zur Zeit der Gründung unserer Zeitschrift 1953 in der Deutschen Demokratischen Republik vorhanden. Mein englisches Lehrbuch, das ich unmittelbar nach dem völligen Zusammenbruch Deutschlands hungernd und frierend verfaßt hatte, war 1947 auf schlechtem Papier in Westberlin erschienen.[3] So mußten wir uns viele Jahre lang mit veralteten oder fremden Fachbüchern behelfen, wobei wir dankbar zu den ungewöhnlich preiswerten und instruktiven Lehrbüchern aus der Sowjetunion griffen und noch heute oft und gern greifen.

Nachdem die größten internen Schwierigkeiten überwunden waren, gingen wir an die Erarbeitung weiterer eigener Hilfsmittel. In einer 1954 von uns begründeten „Englisch-Amerikanischen Bibliothek"[4] publizierten

[1] Zeitschrift für Anglistik und Amerikanistik (international als ZAA abgekürzt), hsg. von Martin Lehnert und Anselm Schlösser. Berlin 1953–1966 ff.

[2] Hans Lange, Die Lehrbuchproduktion für den Englischunterricht in der DDR seit 1945. In: „Zeitschrift für Anglistik und Amerikanistik", 1. Jahrgang 1953, Heft 1, S. 82–86.

[3] Martin Lehnert, Englisches Lehrbuch – Einführung, Sprachlehre, Gesprächsbeispiele. Berlin, W. de Gruyter, 1947.

[4] Englisch-Amerikanische Bibliothek. Herausgeber: Gustav Kirchner, Martin Lehnert, Anselm Schlösser.
Band I: James Fenimore Cooper, The Spy, hsg. von Karl-Heinz Wirzberger, Berlin 1954. – Band II: Washington Irving, The Sketch-Book, hsg. von Karl-Heinz Wirzberger, Berlin 1954. – Band III: Thomas More, Utopia, hsg. von Joachim Krehayn, Berlin 1955. – Band IV: Jonathan

wir bedeutende englische und amerikanische Literaturwerke mit Einleitungen und Erläuterungen. Erst als die billigeren englischen und amerikanischen Originalwerke in den bekannten Buchreihen der „Seven Seas Books“ (A Collection of Works by Writers in the English Language) und der „Panther Books“ (A Collection of British and American Writers) in Berlin und Leipzig erschienen, stellten wir unsere Reihe aus ökonomischen Gründen ein. Im Jahre 1955 erschien ein von mir angeregtes und von einem Kollektiv im Bibliographischen Institut zu Leipzig erarbeitetes englisch-deutsches Wörterbuch mit rund 36000 Stichwörtern, dem 1958 ein entsprechendes deutsch-englisches Wörterbuch mit etwa 40000 Stichwörtern folgte.[5] In beiden Teilen wurde besonderer Wert darauf gelegt, das Wortgut aus Natur, Technik und Gesellschaft gegenüber anderen Wörterbüchern zu ergänzen. Dazu bedurfte es mehrjähriger Beobachtungen und selbständiger Sammelarbeiten, um auch den modernsten englischen Wortschatz nach dem zweiten Weltkrieg zu erfassen. Neben allen Wörtern des täglichen Lebens wurden auch viele gängige Ausdrücke der englischen Umgangssprache und des Slang aufgenommen und auch die Amerikanismen fanden darin gebührende Aufnahme. Über den neuartigen Aufbau der Wortartikel gibt das Vorwort im einzelnen Auskunft. Die bisher erschienenen neun Auflagen sprechen für den praktischen Nutzen dieses Wörterbuches.

Größere methodische Schwierigkeiten bereitete die Abfassung einer sowohl für Schulen als auch für die Universitäten geeigneten Grammatik der englischen Sprache. Sie wurde von dem damaligen Berliner Lektor Dr. A. Lamprecht unter meiner Förderung verfaßt und erschien zuerst im Jahre 1956.[6] Lamprecht ist übrigens gleich mir noch ein Schüler des bekannten Berliner Anglisten Alois Brandl, der von 1904 bis 1940 unserer Akademie als ordentliches Mitglied angehörte. Lamprechts umfangreiche englische Grammatik (411

Swift, Gulliver's Travels, hsg. von Joachim Krehayn, Berlin 1955. – Band V: Herman Melville, Moby Dick, hsg. von Karl-Heinz Wirzberger, Berlin 1955. – Band VI: Oliver Goldsmith, The Vicar of Wakefield and Essays, hsg. von Eberhard Brüning, Berlin 1955. – Band VII: Mark Twain, Life on the Mississippi, hsg. von Karl-Heinz Schönfelder, Berlin 1956. – Band VII: Thomas Paine, Common Sense and Crisis Papers, hsg. von Karl-Heinz Schönfelder, Halle 1956. – Band IX: Jane Austen, Emma, hsg. von Sabine Nathan, Halle 1956.

5 Englisch-Deutsches Wörterbuch, hsg. von Dr. Gerhard Wahrig. VEB Bibliographisches Institut, Leipzig 1955. – Deutsch-Englisches Wörterbuch, Leipzig 1958.

6 Adolf Lamprecht, Grammatik der englischen Sprache. VEB Volk und Wissen, Berlin 1956. Letzter Nachdruck 1965.

Seiten) hat sich trotz mancher Schwächen bis heute in mehreren Auflagen behauptet und ist zur allgemein verwendeten englischen Grammatik im Schul- und Universitätsunterricht der DDR geworden. Sie wird auch vielfach in Westdeutschland verwendet. Mit dieser Grammatik sollte endlich ein neuer Weg beschritten werden. Es läßt sich nämlich nachweisen, daß alle englischen Grammatiken etwa seit dem Erscheinen der neuartigen „Grammatica Linguae Anglicanae" von 1653, die der englische Universalgelehrte John Wallis verfaßte[7], in ununterbrochener Kette voneinander abhängen, so daß die Geschichte der englischen Grammatikdarstellung zugleich eine Geschichte mehr oder minder versteckten Plagiats ist.[8] Eine diesbezügliche Untersuchung ist von mir angeregt worden.[9] Wallis versuchte 1653 nach eigener Aussage in der „Praefatio" zu seiner lateinisch geschriebenen englischen Grammatik, sich vom Vorbild der lateinischen Grammatik zu lösen und die englische Sprache aus ihrem eigenen Geist und ihrer eigenen Struktur zu erklären. Er kann als der erste moderne Grammatiker der englischen Sprache bezeichnet werden, dessen Werk im wissenschaftlichen Geiste des Zeitalters der Aufklärung und der von ihm maßgeblich mitbegründeten Royal Society verfaßt worden ist. Fast wörtliche Anlehnungen an die von Wallis in dieser „Praefatio" dargelegten Bestrebungen finden sich völlig unabhängig bei Lamprecht mehr als dreihundert Jahre später wieder, wenn er in seiner englischen Grammatik im Vorwort (S. 7) schreibt: „Neben der Registrierung realer Sprachveränderungen soll aber zugleich in der systematischen Anordnung konsequenter als bisher der Eigenstruktur des Englischen Rechnung getragen werden. Wenn das moderne Englisch zum Gegenstand der Darstellung gemacht wird, so muß grundsätzlich versucht werden, grammatische Erscheinungen so zu sehen, wie der Englisch als Muttersprache Sprechende sie sieht, um dies bei der Einordnung des sprachlichen Materials in grammatikalischen Kategorien zum Ausdruck kommen zu lassen. Die Voraussetzung hierfür bildet die Beseitigung der durch das obenerwähnte Vorbild der Lateingrammatik in den Deklinationsmustern und in der Terminologie geschaffenen Verzerrungen." In Lamprechts englischer Grammatik wird dann auch der Versuch unternommen, von der *prescriptive grammar* zur *descriptive grammar* überzugehen.

[7] Martin Lehnert, Die Grammatik des englischen Sprachmeisters John Wallis (1616–1703). Diss. Berlin 1935. Auch als Band XXI der wiss. Buchreihe „Sprache und Kultur der germ. und roman. Völker" 1936.

[8] Martin Lehnert, Die Abhängigkeit frühneuenglischer Grammatiken. In „Englische Studien" Band 72, 1937, S. 192–206.

[9] Hans-Joachim Mettke, Die Geschichte der englischen Grammatik in Deutschland.

Während sich die präskriptive oder normative Grammatik seit Jahrhunderten bemüht, die englische Sprache nach dem Vorbild der klassischen Lateingrammatik in ein autoritatives Regelsystem zu zwängen, will die deskriptive oder beschreibende Grammatik den lebendigen Sprachgebrauch verzeichnen, wobei als „richtig" dargestellt wird, was von der Mehrheit der gebildeten englischen Sprecher heute wirklich gesprochen oder geschrieben wird. Damit wird der Überbewertung der konventionellen Literatursprache hier wie in unseren anderen Veröffentlichungen entgegengewirkt und der ungekünstelten englischen Umgangs- und Verkehrssprache der Vorzug gegeben. Daher mußte auch eine Neuordnung und Erweiterung des Sprachmaterials vorgenommen werden. An die Stelle künstlicher, lebensfremder Beispielsätze wurden Originalbeispiele aus der Alltagssprache gewählt, die sich für die eigene Verwendung als Muster eignen. Ähnlich verfahren auch H. Krause und E. Gronke in ihrer kurzgefaßten englischen Grammatik.[10] Dieser Wandel zugunsten der Umgangssprache hat sich besonders nach dem zweiten Weltkrieg auch in England und Amerika in der gesamten Literatur und in den Lehrbüchern vollzogen. Bezeichnend hierfür sind auch die Äußerungen des bekannten englischen Phonetikers und korrespondierenden Mitglieds unserer Deutschen Akademie der Wissenschaften zu Berlin, Prof. Daniel Jones, in den jüngsten Ausgaben seines in aller Welt benutzten englischen Aussprachewörterbuches, wie „My aim is to observe and record accurately, and I do not believe in the feasibility of imposing one particular form of pronunciation on the English-speaking world. I take the view that people should be allowed to speak as they like."[11]

Trotz eifrigen Bemühens um eine der wirklich gesprochenen Sprache des Englischen angemessene grammatische Darstellung ist auch Lamprechts Grammatik noch in vielen Teilen verbesserungs- und ergänzungsbedürftig. Die schon von Wallis 1653 geforderte englische Grammatikdarstellung „according to the propriety and true genius of the language"[12] bleibt daher nach wie vor ein Desideratum der Zukunft. Zu einer tieferen Erkenntnis und adäquaten Darstellung der modernen englischen Grammatik fehlt es noch an weiteren grundlegenden Vorarbeiten. Zu dieser Schlußfolgerung kommt auch unser Leningrader Kollege Prof. B. A. Ilyish in seiner neuesten englisch geschriebenen Darstellung der Struktur des modernen Englisch: „In concluding our survey of English grammatical structure, we shall do well to emphasize

[10] Herbert Krause – Erich Gronke, Englische Grammatik – Kurzgefaßt. Halle 1960.

[11] Daniel Jones, Everyman's English Pronouncing Dictionary. London–New York 1963, 12. Auflage, p. XVI.

[12] Otto Funke, Die Frühzeit der englischen Grammatik. Bern 1941, S. 37.

that there remains much to be investigated in the future. To say nothing of the theory of phrases, which is still in its infancy, even those parts of grammar which have been studied for a hundred years or more present a number of unsolved problems where much energy and patient effort will have to be applied." [13] Ich habe deshalb einige Dissertationen angeregt, die wichtige Teilaspekte untersuchen sollen, etwa „Die Äquivalente des deutschen Relativsatzes im modernen Englisch" (Assistent Uwe Carls), „Das Aspekt-Tempus-System im modernen Englisch unter besonderer Berücksichtigung der funktionalen Stile" (Aspirantin Barbara Butte), „Gerundium und Verbalsubstantiv im modernen Englisch und ihre Äquivalente im Deutschen" (Lektor Klaus Böhm), „Vergleich der englischen und deutschen Wortstellung" (Lektorin Elvira Krahl), „Die Passivkonstruktionen im modernen Englisch und ihre Äquivalente im Deutschen unter Berücksichtigung der funktionalen Stile" (Assistent Manfred Schramm), „Nominale und verbale Ausdrucksweise im Englischen" (Lektor Achim Hoffmann, Potsdam). Weitere Untersuchungen zur modernen englischen Grammatik werden von meinem Schüler Prof. Dr. Rolf Berndt in Rostock betreut. Methodisch spielt bei diesen Dissertationen neben der funktionalen und strukturellen Sprachbetrachtung auch der Sprachenvergleich eine wichtige Rolle, was sowohl für die wissenschaftliche Erhellung als auch für die Sprachpraxis von großer Bedeutung sein wird.

Wir berücksichtigen natürlich auch die Ergebnisse und Methoden der verschiedenen strukturalistischen Richtungen, soweit sie für uns fruchtbar scheinen. Meine beiden Schüler Prof. Berndt (Rostock) und Dr. Hansen (Berlin) haben sich schon vor Jahren zum Strukturalismus öffentlich geäußert.[14] Die anfangs mit einseitiger Überheblichkeit aufgetretene amerikanische strukturalistische Schule, die alle „prästrukturalistische" Sprachwissenschaft in die vorwissenschaftliche Periode der Sprachwissenschaft verweisen wollte, befindet sich wie auch alle anderen strukturalistischen Kreise – etwa der Kopenhagener und der Prager Zirkel – noch immer im Stadium des Experimentierens und ist allenthalben voller Inkonsequenzen. Übrigens ist auch diese Art der Sprachbetrachtung keineswegs so neu, wie sie sich gibt. Die Betrachtung der Sprache als eine Struktur, als ein festgefügtes System von Zeichen, geht auf die Grammatiker des 17. Jahr-

[13] B. A. Ilyish, The Structure of Modern English. Moskau–Leningrad 1965, p. 373.

[14] Rolf Berndt, Strukturalismus – Der Weg zu einer neuen „wissenschaftlichen" Grammatik? In: „Zeitschrift für Anglistik und Amerikanistik", 7. Jg., 1959, S. 270–280. – Klaus Hansen, Wege und Ziele des Strukturalismus, ebenda, 6. Jg., 1958, S. 341–381.

hunderts zurück, vor allem auf die französische „Grammaire générale de Port-Royal" von 1660. Die damals aufgestellte These, daß der Zustand einer bestimmten Sprache zu einer bestimmten Zeit jeweils als ein strukturelles System anzusehen und zu behandeln sei, wurde in der Folgezeit von der historischen Sprachbetrachtung abgelöst und erst in unserem Jahrhundert durch den Schweizer Soziologen und Sprachwissenschaftler Ferdinand de Saussure (1857–1913) wieder aufgenommen[15] und von diesem und seinen zahlreichen Anhängern in aller Welt weiterentwickelt.

Weitgehend huldigen die sog. Strukturalisten einer rein mechanistischen Betrachtungsweise. Prof. Fries spricht wiederholt von *mechanisms of the language.*[16] Man möchte das Funktionieren der Sprache mit absoluter Exaktheit beschreiben. Die strukturalistische Methode ist aus dem Wunsche geboren, die Sprachwissenschaft mit Hilfe mathematischer und logistischer Methoden zu einer exakten Wissenschaft im Sinne der Naturwissenschaften zu machen. Mit solcher extrem mechanistischen Auffassung, die, wie gesagt, gar nicht neu ist, wird man aber dem spezifischen Wesen der Sprache nicht gerecht. Die objektiven Gesetze einer Sprache wirken eben nicht mechanisch wie die Gesetze der Naturwissenschaft, sie gelten überdies in der Regel nur für ein bestimmtes System und für eine bestimmte Zeit. Die allgemeine Anwendung struktureller Methoden ist nach unserer Ansicht nur möglich und statthaft, wenn man die Sprache nicht losgelöst vom Sprachträger, vom Menschen, untersucht, sondern stets den Zusammenhang zwischen der Geschichte der Sprache und der Geschichte der betreffenden Sprachgemeinschaft beachtet. Wir stimmen mit der Prager Schule überein, die bei ihrer strukturalistischen Sprachforschung die Funktion der Sprache als Mittel des Verkehrs innerhalb der Gesellschaft einbezieht. Unser Prager Kollege Trnka hat das Ziel des Prager Strukturalismus, der anfangs wie die anderen Strukturalisten in aller Welt die Verbindung der sprachlichen Struktur mit den sie umgebenden anderen Strukturen verkannte, im Jahre 1957 wie folgt neu gesteckt: „Eine schöpferische Weiterentwicklung des Strukturalismus ist nur dann möglich, wenn seine Vertreter danach streben, einerseits die sprachliche Realität in all ihren wesentlichen Verbindungen mit der außersprachlichen Realität zu erfassen und andererseits alle Mittel zu erklären, derer sich die Sprache bedient." Im Anschluß daran gibt er folgende Definition: „Der Strukturalismus ist unserer Ansicht nach eine Richtung,

15 Ferdinand de Saussure, Grundfragen der allgemeinen Sprachwissenschaft. Berlin und Leipzig 1931. Vorher – wenig beachtet – als Cours de Linguistique Générale, Genève 1916 u. ö. in französischer Sprache erschienen.

16 Charles Carpenter Fries, The Structure of English – An Introduction to the Construction of English Sentences. New York 1952, London 1957.

die die sprachliche Realität als Realisierung eines Systems von Zeichen betrachtet, die für ein bestimmtes Kollektiv verbindlich sind und von spezifischen Gesetzen beherrscht werden. Unter dem Zeichen versteht die Prager Schule ein sprachliches Korrelat der außersprachlichen Realität, ohne die es keinen Sinn und keine Existenzberechtigung hat."[17] Auch unser Berliner Akademiekollege Prof. Klaus weist in seinen jüngsten Büchern[18] ganz in unserem Sinne darauf hin, daß ein sprachliches Zeichen nach der materialistischen Erkenntnistheorie vier Aspekte aufweise: 1. den syntaktischen Aspekt, d. h., es tritt in Verbindung mit anderen Zeichen auf, 2. den sigmatischen Aspekt, d. h., das Zeichen hat eine Bezeichnungsfunktion, 3. den semantischen Aspekt, d. h., das Zeichen trägt eine Bedeutung, 4. den pragmatischen Aspekt, d. h., das Zeichen dient der menschlichen Kommunikation.

Wir befürworten an den Methoden des Strukturalismus vor allem die Betrachtung der Sprache als ein System, dessen einzelne Bestandteile in verschiedener Weise und in unterschiedlichem Grade voneinander abhängig sind und sich gegenseitig beeinflussen und bedingen. Nach der Auffassung der Strukturalisten ist die Sprache ein Ganzes, das aus solidarischen, sich gegenseitig bedingenden Elementen besteht. Sie ist keine Summe, sondern ein System, eine Struktur. In jedem Abschnitt ihrer Geschichte bildet die Sprache ein strukturelles System, das es zu erforschen gilt. So tritt neben die Erforschung eines bestimmten Sprachzustandes aus seiner vorangehenden Geschichte die Erforschung der verborgenen inneren Zusammenhänge des Systems und der Struktur des betreffenden Sprachzustandes selbst. Neben die historische (diachronische) Sprachwissenschaft – doch nicht an ihre Stelle – ist besonders durch Saussures Anregung die strukturelle (synchronische) Sprachbetrachtung getreten, die Erkenntnis, daß ein Sprachzustand als solcher ohne Rücksicht auf die Geschichte ein Gegenstand wissenschaftlicher Betrachtung sein kann. Die letztere untersucht die Sprache nicht in ihrer historischen Entwicklung, sondern als zu einer bestimmten Zeit wirksames Struktursystem. Da die beschreibende Grammatik in ihrer traditionellen Form tatsächlich ziemlich unwissenschaftlich und unmethodisch verfuhr und die historische Sprachwissenschaft die gesamte Sprachwissenschaft vertrat, bedeutete die Forderung und der Aufbau einer strukturalistischen synchronischen Sprach-

[17] Vgl. K. Hansen (Anm. 14), S. 375f.

[18] Georg Klaus, Die Macht des Wortes, Berlin 1964 (S. 11) und Semiotik und Erkenntnistheorie. Berlin 1963 (S. 44f.).

wissenschaft tatsächlich einen Fortschritt. Unsere nächste Aufgabe sollte es sein, die Antithetik der beiden sprachwissenschaftlichen Betrachtungsweisen und Methoden, den Gegensatz von Bewegung und Zustand, von Dynamik und Statik, von Diachronie und Synchronie aufzulösen und die historisch entwickelte Gestalt einer Sprache als eine Einheit von beiden zu erfassen.

Wir übernehmen vom Strukturalismus ferner den Zeichencharakter der Sprache, in dem heute unter dem sprachlichen Zeichen gewöhnlich die Verbindung des Bezeichneten mit dem Bezeichnenden verstanden wird, wobei zwischen beiden jedoch kein innerer Zusammenhang besteht: „Nowadays it is almost commonly admitted that the essence of the sign-like character of language lies in the absence of motivation in the relation binding together the phonic form and the extra-lingual reality to which this phonic form refers.“ [19] Der schon im Altertum erkannte richtige Gedanke, daß die Sprache ein System von Zeichen ist, gelangte erst in unserem Jahrhundert seit Saussure wieder zur allgemeinen Anerkennung. Mit den Strukturalisten sind wir auch der Auffassung, daß man die Sprache in ihr gemäßen Begriffen darstellen und der Untersuchung der wirklich gesprochenen Sprache den Vorrang geben sollte. Wir tun das zugleich im Sinne Leisis „nicht, weil die Gegenwart unsere Zeit ist, wohl aber, weil die Jetztzeit die letzte Stufe der Entwicklung ist, das einstweilige Resultat, das fast alles Frühere in sich begreift“.[20] Darüber hinaus können wir aus den Sprachbewegungen und Sprachtendenzen unserer Zeit, die wir allein beobachten, messen und analysieren können, auf Sprachvorgänge früherer Epochen schließen.

Wir verwerfen dagegen den Alleinherrschaftsanspruch der Strukturalisten und eine Reihe ihrer philosophischen und methodischen Ausgangspositionen. Wir glauben nicht, daß sich die Sprache in allgemeingültigen Formeln erfassen läßt. Sowohl die Forderung nach einer rein synchronischen Untersuchung der Sprache als auch ihre Betrachtung als eigenständige Struktur ohne Beziehung zur außersprachlichen Realität und zu den Sprachträgern scheinen uns einseitig und unfruchtbar.

Jeglicher Sprachwandel vollzieht sich nach unserer Auffassung in einem dialektischen Prozeß. Die Sprache ist wie die sie sprechende Gesellschaft und das Individuum das Ergebnis vergangener und gegenwärtiger Ent-

[19] Josef Vachek, A Prague School Reader in Linguistics. Bloomington, Indiana University Press (USA), 1964, p. 466.

[20] Ernst Leisi, Das heutige Englisch – Wesenszüge und Probleme. Heidelberg 1955, 1960², S. 10.

wicklung auf den verschiedensten Ebenen, die bereits die zukünftigen Elemente in sich tragen. Sie ist ein in dauernder Wandlung befindliches, historisch bedingtes, dynamisches Gesamtsystem, das sich aus verschiedenen eng miteinander verflochtenen Einzelsystemen der Phonologie, Morphologie, Syntax, Orthographie und Lexikologie zusammensetzt. Darüber hinaus ist jedes Sprachsystem eine Struktur innerhalb mehrerer sich überlagernder Strukturen ökonomischer, sozialer, politischer, intellektueller, psychologischer und anderer Art. Es ist die Aufgabe der Sprachwissenschaft, die wechselseitige Wirkung und gegenseitige Beeinflussung der verschiedenen extra- und intralinguistischen Strukturen im geschichtlichen und gegenwärtigen Sprachprozeß zu untersuchen und zu bestimmen. Aber die Sprachwissenschaft hat umfassendere Aufgaben, als nur die Strukturgesetze zu erforschen, so wichtig diese auch für die maschinelle Aufnahme und Verarbeitung sprachlicher Informationen sind. Sie muß gleichzeitig auch die Triebkräfte, die Funktions- und Entwicklungsgesetzmäßigkeiten der Sprache, die Zusammenhänge und Wechselbeziehungen zwischen Sprache und Gesellschaft sowie zwischen Sprache und Denken ergründen. Damit leistet sie nicht nur einen wesentlichen praktischen Beitrag zur Verbesserung der allgemeinen Sprachkultur und der Sprachenerlernung, sondern zugleich auch zur Erkenntnis der Entwicklung der menschlichen Gesellschaft überhaupt. Die Sprachwissenschaft ist und bleibt eine eigengesetzliche historische Wissenschaft und eine Gesellschaftswissenschaft.

Einen unbestreitbaren Fortschritt hat die Phonologierichtung des Strukturalismus mit sich gebracht. Die Konzeption der Phonologie wurde von dem 1926 gegründeten ,,Cercle Linguistique de Prague" auf dem Ersten Internationalen Linguistenkongreß in Haag 1928 öffentlich dargelegt und durch die Publikationen der Vertreter des Prager Linguistenzirkels, vor allem der Professoren Vilém Mathesius, N. S. Troubetzkoy, Roman Jakobson, Bohumil Trnka, Bohuslav Havránek und Josef Vachek, in den bekannten „Travaux du Cercle Linguistique de Prague" zwischen 1929 und 1939 in aller Welt verbreitet.[21] Der Terminus „Phonem" stammt von Ferdinand de Saussure, doch wurde der damit verbundene moderne Begriff des Phonems besonders von dem in Moskau geborenen und an der Moskauer Universität ausgebildeten Sprachwissenschaftler N. S. Trou-

[21] Josef Vachek, A Prague School Reader in Linguistics (s. Anm. 19). – Vilém Fried, Twenty Years of Czech Linguistic Studies in Modern Philology. In: ,,Philologica Pragensia" VIII, 1965, pp. 1–13. – Travaux Linguistiques de Prague. Vol. 1: L'École de Prague d'aujourdhui. Éditions de l'Académie Tchécoslovaque des Sciences. Prague 1964.

betzkoy (1890–1938) erarbeitet und in zahlreichen Untersuchungen in den „Travaux du Cercle Linguistique de Prague" dargelegt, zuletzt in seinem einflußreichsten Buch über die „Grundzüge der Phonologie".[22] Troubetzkoy übernahm und entwickelte die Phonemtheorie von Baudouin de Courtenay (1845–1929), einem gebürtigen Polen, der an polnischen und russischen Universitäten als Professor für die polnische und russische Sprache tätig war. Er übernahm sie ferner von dem begabtesten Schüler Baudouins, dem Leningrader Professor L. V. Sčerba (1880–1944).[23] Sčerbas Beitrag und Vorstellungen zur Phonemtheorie, die in seiner Modifizierung heute von der Mehrzahl der sowjetischen Linguisten übernommen worden ist, wurden kürzlich in dem englisch geschriebenen phonetischen Lehrbuch von O. J. Dickushina analysiert.[24] Über die Bedeutung und Grenzen der Phonologie hat neuerdings auch Prof. Bahner in einem kurzen Aufsatz gehandelt.[25]

Der Fortschritt der phonologischen Betrachtungsweise gegenüber der herkömmlichen Sprachwissenschaft bestand vor allem in der Erforschung der lautlichen Erscheinungen der Sprache vom sprachlichen System aus. Die einzelnen Erscheinungen und Lautveränderungen werden nicht mehr isoliert, sondern in ihrer Gesamtheit betrachtet und gedeutet. Diese Auffassung und Methode haben wir konsequent in unserem zweibändigen Werk „Laut und Leben"[26] durchgeführt, wo wir die Entwicklung der einzelnen englischen Laute während der letzten Jahrhunderte innerhalb des gesamten englischen Lautsystems untersucht haben. Gleich zu Anfang haben wir deutlich gemacht (§ 24): „Die einzelnen Laute oder Lautfamilien sind Glieder eines größeren Ganzen: des Lautsystems. Innerhalb des Systems nehmen die Laute oder Lautfamilien ihre Stellung ein; sie sind Glieder einer Lautgemeinschaft." Wir haben uns schon damals von allem Mechanismus und Schematismus in der englischen Sprachforschung losgesagt, und im Vorwort habe ich ausdrücklich betont: „Wie der Titel des Buches ‚Laut und Leben' besagt, wird mit Hilfe einer neuen Methode eine

[22] N. S. Troubetzkoy, Grundzüge der Phonologie. In: „Travaux du Cercle Linguistique de Prague", vol. 7, 1939.

[23] Л. В. Щерба, U. A. Бодуэн де Куртенэ и его значение в науке о языке. Избранные работы по русскому языку. Москва 1957.

[24] O. J. Dickushina, English Phonetics. Moskau-Leningrad 1965, pp. 28–32; vgl. auch Prof. Daniel Jones' Nachruf auf Sčerba in der Zeitschrift „Maître Phonétique", Juli-Dez. 1948.

[25] Werner Bahner, Bedeutung und Grenzen der Phonologie. In der „Wiss. Zeitschrift der Karl-Marx-Universität Leipzig", Gesellschafts- und Sprachwiss. Reihe, 10. Jg., 1961, S. 403–406.

[26] Wilhelm Horn – Martin Lehnert, Laut und Leben – Englische Lautgeschichte der neueren Zeit (1400–1950). Band I und II, Berlin 1954.

Verlebendigung der sprachlichen Forschung angestrebt. Wir wollen über bloße schematische Feststellungen der Lautveränderungen hinausgelangen. Hinter den Lautwandlungen soll der Mensch auftauchen, und unsere englische Lautgeschichte der neueren Zeit (1400–1950) soll zugleich ein kleines Stück Menschheitsgeschichte sein." Es ist sicher nicht zufällig, daß dieses Werk besonders von einem der prominentesten Vertreter des Prager Linguistenkreises, dem Prager Anglisten B. Trnka, lebhaft begrüßt wurde.[27]

Neben der Berücksichtigung der phonologischen Methode, der Betrachtung der Laute als Bedeutungselemente, haben wir auch konsequent der modernen wissenschaftlichen Forderung der Verbindung synchronischer und diachronischer Betrachtungsweise Rechnung getragen. Wir lehnen entschieden die Auffassung Saussures und seiner Anhänger von der Zufälligkeit, Zusammenhang- und Systemlosigkeit der historischen Veränderungen ab, wenn er etwa schreibt: „Die diachronischen Vorgänge jedoch haben immer den Charakter des Zufälligen und Vereinzelten, auch wenn es sich in gewissen Fällen anders zu verhalten scheint."[28] Unsere Ablehnung teilt auch B. Trnka: „In the field of linguistics, the ‚langue – parole' dichotomy led F. de Saussure to the failure of looking at linguistic changes as structural events, with the result that the historical development of language was conceived by him as a sum of isolated deviations originating in ‚parole'."[29] Wir treten auch jeglicher Aufspaltung unseres Fachgebietes in eine rein praktizistisch-gegenwartsbezogene und eine theoretisch-vergangenheitsbezogene Richtung entgegen und bemühen uns seit langem um eine Zusammenführung beider Richtungen. Unsere Methode in „Laut und Leben" ist dabei, kurz gesagt, folgende: Aus der Beobachtung der Lautschwankungen in der heutigen gesprochenen englischen Hochsprache und noch mehr in den englischen Dialekten lassen sich erhellende Rückschlüsse auf die historische Lautentwicklung ziehen. W. Horn hat diese Tatsache in einer programmatischen Schrift bereits 1939 wie folgt erläutert: „Wir beobachten also in der lebenden Sprache eine große Menge von Lautschwankungen; gerade in der Gegenwart spielt sich im Englischen eine lebhafte sprachliche Entwicklung vor uns ab. Sie gibt uns die Möglichkeit, in den Lautwandel mitten hineinzuschauen. Die Veränderungen [= Allophone, Sprechlaute] sind die Anfänge möglicher Lautwandlungen

[27] Bohumil Trnka, in „Časopis pro moderní filologii" 38, 1956, pp. 56–58 und im „Mitteilungsblatt des Allgemeinen Deutschen Neuphilologenverbandes" 9, 1957, pp. 92–93.

[28] F. de Saussure (s. Anm. 15) S. 110.

[29] Bohumil Trnka, On the Linguistic Sign and the Multilevel Organization of Language. In: „Travaux Linguistiques de Prague" 1, Prague 1964, p. 39.

[= Phoneme, Sprachlaute]."[30] Diese unsere These deckt sich mit Sčerbas Auffassung, die Prof. Dickushina wie folgt beschreibt: „L. V. Sčerba claims that the history of the development of phonemes is practically based upon the development of phonemic variants. The most important thing in phonetic study is to trace the development of certain phonemic variants into independent phonemes, as well as the deterioration of some phonemes into phonemic variants. E. g. the phoneme [ɔə] in English has become a phonemic variant of the [ɔ:]-phoneme; [*Θ*] and [*ð*] in English, formerly phonemic variants of the same phoneme, have become independent phonemes."[31] Bei einer solchen Ausgangsposition haben wir im Gegensatz zu Troubetzkoy und seinen Anhängern keine strenge Scheidung zwischen Phonetik und Phonologie vorgenommen, um nicht das naturgegebene dialektische Verhältnis von Form und Funktion, das auch für die Sprechlaute gilt, künstlich aufzuheben und uns damit nicht den methodischen Weg zur tieferen Erkenntnis des Lautwandels zu verbauen. Wir stimmen auch hierin mit Dickushina überein: „Phonology is a convenient term to indicate that section of phonetics in which the social functions of speech sounds are discussed. It does not seem logical, however, to separate function from phonetic form, thus completely excluding phonetics from the linguistic sciences. It should be noted that in this book phonetics is treated as an inseparable part of linguistics and is not presented as opposed to phonology in any way. It is impossible to agree with N. S. Trubetzkoy, whose view-point is that phonetics is a biological science dealing only with the physiological aspect of speech sounds. The minutest and subtlest physiological analysis of speech sounds has no particular value unless it is accompanied by careful linguistic investigation."[32] Zu einem ähnlichen Ergebnis gelangen auch Dr. R. Arnold und Dr. K. Hansen: „Phonologie und Phonetik lassen sich daher auch für die Praxis des Sprachunterrichts kaum säuberlich voneinander trennen."[33]

Die tägliche Beobachtung lehrt uns, daß sich die Laute im Englischen bei verschiedener Tonbewegung verschieden verhalten und somit ein enger Zusammenhang zwischen Tonhöhe und Klangfarbe besteht. Dieser kann objektiv, d. h. auf experimentalphonetischem Wege bestimmt werden und ist in dreizehn gedruckten Untersuchungen unserer am Ende des zweiten

[30] Wilhelm Horn, Neue Wege der Sprachforschung. In: „Die Neueren Sprachen" Beiheft 32, S. 23.

[31] O. J. Dickushina (s. Anm. 24), p. 30.

[32] O. J. Dickushina (s. Anm. 24), p. 15.

[33] Roland Arnold – Klaus Hansen, Phonetik der englischen Sprache – Eine Einführung. Leipzig 1965, S. 23.

Weltkrieges ausgebombten Phonetischen Abteilung des Englischen Seminars der Universität Berlin unter Leitung von Wilhelm Horn und Kurt Ketterer auch dargestellt worden.[34] Über das Ziel und die Methode dieser in einer eigenen Schriftenreihe erschienenen Untersuchungen sagen die Herausgeber in der Einführung zum ersten Heft: „Die neuen elektrographischen Methoden der Experimentalphonetik ermöglichen es uns, die lebende Sprache genau und objektiv zu erfassen, sozusagen zu mikroskopieren. Es ist ein wesentlicher Grundsatz der neueren Sprachwissenschaft, die Erfahrungen, die man an der Sprache der Gegenwart macht, für die Beurteilung früherer Sprachstufen zu verwerten. Mit diesem Grundsatz wollen unsere Untersuchungen vollen Ernst machen. Nur in der Gegenwart haben wir wirkliche Sprache. Mit ihrer planmäßigen Erforschung muß die Sprachwissenschaft beginnen und dabei die genauesten Untersuchungsmethoden anwenden, die die Naturwissenschaft darbietet. Von der festen Grundlage der Gegenwart aus kann man dann die sprachgeschichtliche Untersuchung mit größerer Sicherheit in Angriff nehmen. Wir versprechen uns von dieser Methode eine Verlebendigung der sprachgeschichtlichen Forschung."

Nach unserer Auffassung erfolgt ein Lautwandel, wenn eine durch den Akzent im weitesten Sinne verursachte Lautveränderung verallgemeinert wird, so daß sie auch bei anderem Akzent gebraucht und auf andere Wörter

[34] Lebendige Sprache – Experimentalphonetische Untersuchungen herausgegeben von Wilhelm Horn und Kurt Ketterer. Verlag Walter de Gruyter & Co. Berlin.
Heft 1: Hans Krause, Intonation und Lautgebung in der englischen Aussprache des Prof. Daniel Jones. 1938. – Heft 2: Heinz Heilmann, Akzent und Wortkörper in der Sprache des Prof. A. Lloyd James. 1938. – Heft 3: Ruth Hohenstein, Intonation und Vokalqualität in den englischen Mundarten von Norfolk und Suffolk. 1938. – Heft 4: Herbert Blasche, Intonation und Lautgebung in der englischen Aussprache des Lord Roberts. 1938. – Heft 5: Herbert Rohmann, Intonation und Lautgebung in der Sprache von Lloyd James. 1939. – Heft 6: Rudolf Birk, Lautdauer und Intonation in der Sprache von Stanley Baldwin. 1939. – Heft 7: Arno Siegloch, Die phonetischen Mittel der Deklamation bei W. J. Holloway. 1939. – Heft 8: Hans Löhnert, Intonation und Lautgebung in der Aussprache von Ramsay Macdonald. 1939. – Heft 9: Lisa Harder, Die phonetischen Mittel des Vortrags bei Ramsay Macdonald. 1939. – Heft 10: Herbert Garmeister, Die phonetischen Mittel des lyrischen Vortrags bei Miss Armstrong. 1940. – Heft 11: Walter Hensel, Intonation und Lautgebung bei Lloyd James. 1940. – Heft 12: Agathe Rosenberg, Die Sprache von W. H. Taft. 1942. – Heft 13: Kurt Ketterer, Experimentelle Dialektgeographie des Alemannischen in Baden. 1942.

übertragen wird. Unter Akzent verstehen wir dabei 1. die Stärke des Luftdrucks und die Spannung, mit der gesprochen wird, 2. die Tonhöhe, 3. das Sprechtempo. Um ein Beispiel zu geben: Im heutigen Englisch wird bei starkem Akzent, der besonders in emphatischen Wörtern auftritt, ǭ zu ọ̄, etwa in *all*, *enormous*, oder ā zu ǭ, etwa in *large*, *tall*. Diese Hochtonformen ziehen dann die übrigen Formen nach sich, etwa *fall*, *hall*, *call* usw., die übrigens heute schon sehr häufig *fọ̄l*, *họ̄l*, *kọ̄l* usw. gesprochen werden. Wenn die Hochtonformen schließlich überwiegen, haben wir einen erncuten Lautwandel von ǭ zu ọ̄ bzw. von ā zu ǭ vor uns, wie er im Laufe der englischen Sprachgeschichte wiederholt eingetreten ist, etwa von mittelenglischem *bǭn*, *bǭt*, *stǭn* etc. zu frühneuenglischem (amerikan.) *bọ̄n*, *bọ̄t*, *stọ̄n* etc. oder von altenglischem *bān*, *bāt*, *stān* zu mittelenglischem *bǭn*, *bǭt*, *stǭn* etc. Damit wird in unserer Untersuchungsmethode auch die Forderung berücksichtigt, die Prof. Bahner in seinem erwähnten Aufsatz wie folgt ausdrückt: „Der Gedanke des sprachlichen Systems, mit dem die Phonologen arbeiten, leidet an einer gewissen Einseitigkeit, da nur das verstandesmäßig bedeutungsdifferenzierende Element berücksichtigt wird. Die emotionell-affektive Komponente der Sprache findet kaum Platz im phonologischen System.“[35]

Der emotional-affektive Faktor, die Resultate des überall und jederzeit bei der Gestaltung und Entwicklung der Sprache wirksamen Affekts werden aber noch von einer anderen methodischen Seite in unseren Arbeiten nutzbar gemacht. Die Wort- und Satzgestaltung ist nicht nur vom Akzent im weitesten Sinne abhängig, sondern auch von seiner Bedeutung, von seiner Funktion. Wörter oder Wortteile, die funktionswichtig sind, werden erhalten oder verstärkt; sind sie funktionsarm, werden sie gewöhnlich lautlich abgeschwächt; sind sie oder werden sie funktionslos, schwinden sie häufig völlig. Dieses dialektische Verhältnis von Form und Funktion macht sich überall in der englischen Lautgestaltung zu allen Zeiten geltend, doch ist es von noch größerer Bedeutung für die Erkenntnis der Vorgänge im englischen Formenbau und in der englischen Syntax. Die methodische Grundlage hierfür hat mein Lehrer Horn bereits 1921 gelegt.[36] Zehn Jahre später findet sich derselbe Gedanke bei Saussure wieder: „Formen und Funktionen stehen in gegenseitiger Abhängigkeit, und es ist schwer, um nicht zu sagen unmöglich, sie voneinander zu trennen.“[37] Doch auf diese

[35] Werner Bahner (s. Anm. 25), S. 405.

[36] Wilhelm Horn, Sprachkörper und Sprachfunktion. Leipzig 1921, 1923². In: „Palaestra“ 135, Untersuchungen und Texte aus der deutschen und englischen Philologie.

[37] Ferdinand de Saussure (s. Anm. 15), S. 161.

Trennung und methodische Nutzbarmachung kommt es gerade an! In meiner Ormulum-Arbeit habe ich den Zusammenhang von Form und Funktion an einem großen mittelenglischen Sprachdenkmal untersucht[38], und mein Schüler Berndt hat dasselbe am Altenglischen in seiner gedruckten Berliner Dissertation durchgeführt.[39] In einem Vortrag vor der ‚International Association of University Professors of English‘ habe ich 1956 in Cambridge unsere Anschauungen noch einmal vorgetragen.[40] Wie eng die heute für gewöhnlich in Lehre und Forschung getrennt behandelten Gebiete der Phonologie, Morphologie und Syntax im Englischen verbunden sind und in welch inniger Wechselbeziehung sie zueinander stehen, zeigt mit aller Deutlichkeit schon die Abschwächung der vollen Endsilbenvokale zu *e* [= ə] vom Altenglischen zum Mittelenglischen. Zerrüttung und Zerfall der altenglischen Flexion und eine Umstrukturierung der gesamten englischen Sprache waren die schwerwiegenden Folgen dieser durch den Akzent bedingten Abschwächung, welche die englische Sprache so ziemlich unverständlich und unbrauchbar gemacht hätte, wenn nicht gleichzeitig mit diesem lautlichen Verfall neue Ausdrucksmittel entstanden wären, die auf den Gebieten des Formenbaus und der Syntax lagen. Die von uns vertretene und methodisch verwirklichte Wechselbeziehung (*interaction, interrelation, interdependence*) von Funktionsschwächung und Formschwächung, Funktionsverlust und Formverlust, Funktionserhaltung bzw. Funktionsverstärkung und Formerhaltung bzw. Formverstärkung ist nicht auf eine bestimmte Sprache oder eine begrenzte Zeit beschränkt. Sie bietet eine vielversprechende Untersuchungsmethode für die verschiedensten Sprachen und Sprachstufen, die geeignet ist, viele ungeklärte „Ausnahmen“ (im Sinne der Junggrammatiker) aufzuklären. Auf diesen Zusammenhang ist von den verschiedensten Seiten wiederholt hingewiesen worden, jedoch ohne ihn methodisch konsequent durchzuführen.

Da die Form von der Funktion abhängig ist, ergibt sich als erste methodische Forderung, alle Funktionsträger in der betreffenden Sprache, also Endungen, Umschreibungen, Wortverbindungen, Wortstellung, Intonation, Sprechsituation usw. zu berücksichtigen. Ein Beispiel zum letzterwähnten Faktor, also zu der täglich zu beobachtenden Bedeutung der Sprech-

[38] Martin Lehnert, Sprachform und Sprachfunktion im „Orrmulum“ (um 1200) – Die Deklination. Berlin 1953.

[39] Rolf Berndt, Form und Funktion des Verbums im nördlichen Spätaltenglischen. Halle 1956.

[40] Martin Lehnert, The Interrelation between Form and Function in the Development of the English Language. In: „Zeitschrift für Anglistik und Amerikanistik“ 5. Jg., 1957, S. 43–56.

situation für die Sprachgestaltung, mag genügen: In der von dem sprachinteressierten und sprachbewußten englischen Dramatiker George Bernard Shaw für den Schul- und Universitätsunterricht besprochenen Schallplatte des ‚Linguaphone Institute' in London heißt es: „If I ask a stranger, I say ‚What o'clock is it?'. The stranger hears every syllable distinctly. But if I ask my wife, all she hears is ‚cloxst'." Ich möchte noch einen instruktiven Fall aus dem Deutschen und Englischen für das funktionelle Zusammenwirken der verschiedenen Sprachträger anführen: Während das altenglische auslautende *-n* sowohl in der Verbal- als auch in der Nominalflexion in mittelenglischer Zeit schwand, blieb es in Südengland als weitverbreitetes funktionswichtiges Pluralzeichen lange Zeit erhalten; denn der Artikel war in mittelenglischer Zeit gleichförmig im Singular und Plural zu *the* vereinfacht worden. Das Weitere zitiere ich aus meiner genannten Orrmulum-Untersuchung: „Noch im heutigen Deutschen dient *-n* – gerade so wie im Südenglischen in mittelenglischer Zeit – zur Bezeichnung des Plurals von Substantiven, deren Singular und Plural nicht durch den Artikel gesondert kenntlich gemacht werden. Das trifft besonders auf die weiblichen Hauptwörter auf *-el* und *-er* zu (Sg. *die Nadel, Windel, Regel, Wimper, Leiter, Steuer* usw.: Pl. *die Nadeln, Windeln, Regeln, Wimpern, Leitern, Steuern* usw.). Dagegen sind die entsprechenden Maskulina und Neutra im Plural endungslos (Sg. *der Schlüssel, Stiefel, Igel, Winter, Teller, Leiter, das Kabel, Siegel, Anhängsel, Laster, Messer, Steuer* usw.: Pl. *die Schlüssel, Stiefel, Igel, Winter* usw.). Die neueste Auflage von Wustmanns „Sprachdummheiten" weiß hierfür (S. 19) keine bessere Erklärung als die, daß „sich die Regel sehr hübsch bei Tische lernen läßt: man vergegenwärtige sich nur die richtige Mehrzahl von Schüssel und Teller, Messer, Gabel und Löffel, Semmel, Kartoffel und Zwiebel, Auster, Hummer und Flunder. Sie gilt, wie die Beispiele zeigen, ebenso für ursprüngliche deutsche wie für Lehnwörter." Damit sind wir so schlau wie zuvor! Eine isolierte Betrachtung der Formen hilft eben nicht weiter, es müssen auch für die Erkenntnis des deutschen Formenbaues alle Funktionsträger berücksichtigt werden. Werfen wir einen Blick auf den zunächststehenden, den bestimmten Artikel, so haben wir bereits des Rätsels Lösung: Das deutsche Pluralzeichen *-n* trat an die Feminina, weil der Artikel *die* hier im Singular und Plural gleichlautete, während bei den Maskulina und Neutra die Pluralfunktion vom unterschiedlichen Artikel getragen wurde (Sg. *der, das* – Pl. *die*). So gibt es denn auch unter den zahlreichen Substantiven, deren Plural sich vom Singular nicht unterscheidet, keine Feminina."[41]

[41] Martin Lehnert (s. Anm. 38), S. 60f.

Die neben der allgemein bekannten und vielfach untersuchten ‚lexikalischen Homonymie' bestehende weniger bekannte und erforschte ‚morphemische Homonymie', in unserem Fall von Singular- und Pluralform, stört das Verständnis des Hörers oder Lesers nicht, weil für gewöhnlich die Formen der text- oder redebegleitenden Wörter, wie der Artikel, Adjektive, Pronomen und Verben, deren jeweilige Funktion mittragen und kennzeichnen helfen. „On the other hand, the fact that the plural of feminines is always phonemically different from the singular, has something to do, perhaps, with the prophylactic tendency of the language to avoid the unwished-for homonymy which might have taken place in some cases (cf. *die Tochter* : *die Töchter*, *der schönen Tochter* : *der schönen Töchter*)."[42] Auf Grund des Kontextes und der Stellung innerhalb des Satzes erklärt sich auch, daß trotz der Vieldeutigkeit fast sämtlicher grammatischer Endungen im Englischen – z. B. von [*-s*, *-z*, *-iz*] zum Ausdruck des Plurals bei Substantiven, der besitzanzeigenden Form im Singular und Plural bei Substantiven sowie schließlich auch noch der dritten Person Präsens Singular bei Verben – in der Regel keine Mißverständnisse oder Unklarheiten entstehen. Das Wechselverhältnis von Form und Funktion wird auch in der deutschen Grammatik von J. Erben, wenn auch nicht immer konsequent, nutzbar gemacht: „Gerade weil man oft anders verfahren ist, darf hier einmal versucht werden, die herkömmliche Aufspaltung in Laut-, Formen-, Satz- und Wortbildungslehre zu überwinden und die Zusammenhänge zwischen Funktion und Form im weitesten Sinne darzutun."[43] Der gleichen Methode bedient sich auch W. Schmidt in seiner Einführung in die funktionale deutsche Sprachlehre.[44] Doch ist nach unserer Erfahrung W. Neumanns Feststellung, daß es heute schon selbstverständlich geworden sei, die Flexion der Substantive im Zusammenhang mit der des Artikels und die des Verbums zusammen mit den Subjektpronomina darzustellen[45], noch längst nicht überall durchgeführt. Diese Betrachtungsweise der Grammatik früherer und heutiger Zeit unter dem Gesichtspunkt der Wechselbeziehungen zwischen Form und Funktion ist selbst für den praktischen

[42] Bohumil Trnka, On Morphemic Homonymy. In: „Nadbitka z Prac Filologicznych" T. XVIII, Cz. 1, pp. 149–152. Warszawa 1963.

[43] Johannes Erben, Abriß der deutschen Grammatik. Berlin, Akademie-Verlag, 1965^{8}, § 142.

[44] Wilhelm Schmidt, Grundfragen der deutschen Grammatik – Eine Einführung in die funktionale Sprachlehre. Berlin 1965, S. 117.

[45] Werner Neumann, Zur Struktur des Systems der reinen Kasus im Neuhochdeutschen. In: „Zeitschrift für Phonetik, Sprachwiss. u. Kommunikationsforschung" Band 14, 1961, S. 55–63.

Grammatikunterricht in der Schule von Bedeutung, was auch W. Schmidt unterstreicht: „Auf beiden Wegen, von der Form wie von der Funktion her, gelangen wir zur Erfassung der sprachlichen Erscheinungen. Das bloße Auswendiglernen von Regeln und Flexionsmustern ist wertlos, notwendig jedoch ist die Sicherheit im Erkennen und Anwenden der Formen nach ihrer Leistung. Der Schüler muß die sprachlichen Mittel sowohl nach der Form wie nach der Funktion sicher beherrschen."[46]

Neben der Erkenntnis und Anwendung der funktionellen Zusammenhänge der einzelnen Sprachveränderungen haben wir für unsere Forschung noch ein anderes methodisches Prinzip, eine weitere allgemeine Erkenntnis, nutzbar gemacht. Es handelt sich um das ewige und stetige Wechselspiel, das Zusammen- und Ineinanderwirken von rational-statisch-strukturellen und affektiv-dynamisch-psychologischen Grundfunktionen der Sprache, kurz um das dialektische Verhältnis von Zwecktätigkeit und Ausdruckstätigkeit in der Sprache. Mit Recht betont der englische Schriftsteller Priestley in seinem autobiographischen Buch, daß der Mensch „both an intellectual and an emotional creature" sei.[47] So ist es ganz natürlich, daß auch in seiner Sprache – als *speech* und *language* – diese beiden Seiten, die Zwecktätigkeit und die Ausdruckstätigkeit, in Erscheinung treten. Für den bekannten und verdienstvollen Anglisten und allgemeinen Sprachforscher Otto Jespersen und seine Anhänger stand und steht in unserem Jahrhundert der Zweckgedanke im Vordergrund jeglicher Sprachbetrachtung. Im vergangenen Jahrhundert sahen Jacob Grimm und seine Zeitgenossen in den jüngeren Sprachstufen gegenüber den älteren einen Verfall und Niedergang. So schrieb J. Grimm in seiner „Deutschen Grammatik" 1822: „Unsere Sprache ist, nach dem unaufhaltbaren Lauf aller Dinge, in Lautverhältnissen und Formen gesunken."[48] Auch in der Vorrede zum ersten Band seines „Deutschen Wörterbuches" 1854 kommt diese Auffassung noch zum Ausdruck. „Aber er sieht in der Geschichte der deutschen Sprache nicht nur einen Verlust an solch leiblicher Fülle, an Wohllaut und Reichtum der Formen, sondern er erkennt der neuen Sprache, der Sprache unseres Zeitraums, eine größere Fähigkeit zur Bestimmtheit und Leichtigkeit des Gedankens, eine größere geistige Vollkommenheit zu."[49] O. Jespersen

[46] Wilhelm Schmidt (s. Anm. 44), S. 35.

[47] John B. Priestley, Midnight on the Desert – A Chapter of Autobiography. London 1947², p. 220.

[48] Jacob Grimm, Deutsche Grammatik. Göttingen 1822², Band I, S. XI.

[49] Leopold Magon, Jacob Grimm – Leistung und Vermächtnis. Berlin, Akademie-Verlag, 1963. „Sitzungsberichte der Deutschen Akademie der

hielt von vornherein den Übergang vom Flexionsreichtum der älteren Sprachstufen zur Flexionsarmut der neueren für einen Fortschritt und Aufstieg: „What is to be taken into account is of course the interests of the speaking community, and if we consistently consider language as a set of human actions with a definite end in view, namely, the communication of thoughts and feelings, then it becomes easy to find tests by which to measure linguistic values, for from that point of view it is evident that *that language ranks highest which goes farthest in the art of accomplishing much with little means, or, in other words, which is able to express the greatest amount of meaning with the simplest mechanism.*“[50] Für Jespersen war also unter dem Einfluß der Naturwissenschaften die Sprache die vollkommenste und höchstentwickelte, die mit den geringsten Mitteln den größten Effekt erzielte. Nun läßt sich tatsächlich in jeder Sprache und ihrer Geschichte eine Entwicklung auf das Zweckmäßige hin verfolgen. Doch wirkt gegen eine immer zweckvollere Sprachgestaltung, wie das heutige jahrtausendlange Ergebnis der immer noch unlogischen und unrationellen Einzelsprachen beweist, eine andere Kraft konstant und effektiv dagegen: die Ausdruckstätigkeit. Bei ihr handelt es sich um den emotionalen Faktor im menschlichen Dasein, um die affektische Sprachgestaltung, worunter der Ausdruck von Stimmung und Gefühl, das Streben nach Schönheit und Ausschmückung der Rede, die Entladungen des Affekts und mannigfacher menschlicher Gefühle fallen. In jüngster Zeit haben sich gleich drei Untersuchungen fast gleichzeitig mit den sprachlichen Gestaltungsmitteln der Ausdruckstätigkeit im Englischen beschäftigt.[51]

Die Ausdruckstätigkeit ist die Kraft in der Sprache, die ihr dauernd neue Sprachmittel zuführt und alte, geschwächte und entleerte Sprachformen durch neue, stärkere und eindrucksvollere Gestaltungsmittel auffrischt. Während die Zwecktätigkeit die Sprache vereinfacht und vereinheitlicht, führt ihr die Ausdruckstätigkeit neues, vielfältiges Leben zu. Überhaupt kann man aus der Geschichte der meisten Wörter, Wendungen und Konstruktionen ersehen, daß sie ursprünglich mehr oder weniger

Wissenschaften zu Berlin“, Klasse für Sprachen, Literatur und Kunst, Jg. 1963, Nr. 5, S. 9.

[50] Otto Jespersen, Language – Its Nature, Development and Origin. London–New York 1922, p. 324.

[51] Britta M. Charleston, Studies on the Emotional and Affective Means of Expression in Modern English. Bern 1960. – Hans-Lothar Meyer, Sprachliche Mittel der affektiven Steigerung im Englischen. Köln 1962. – Harry Spitzbardt, Lebendiges Englisch – Stilistisch-syntaktische Mittel der Ausdrucksverstärkung. Halle 1962.

Affektträger waren, ehe sie zu Normalbezeichnungen wurden. Durch das Zusammenwirken von Zwecktätigkeit und Ausdruckstätigkeit wird die Sprache kompliziert, widerspruchsvoll und dialektisch. Was die Ausdruckstätigkeit schafft, verfällt der Zwecktätigkeit. „Der sprachliche Aufwand wird haushälterisch in Einklang gebracht mit dem Zweck. Aber immer aufs Neue macht sich das Ausdrucksbedürfnis geltend, es schafft wieder kraftvolle, lebendige Rede. Auch sie entgeht nicht ihrem Schicksal: sie wird kraftlos und unlebendig, starr. So geht es weiter ohne Ende.“[52] Das immerwährende Mit- und Gegeneinander beider Kräfte bestimmt maßgeblich die sprachliche Entwicklung. „Darin, daß immer wieder neue Formen geboren und veraltete Formen ständig von neuen abgelöst werden, zeigt sich die ewige Bewegung und Entwicklung der Materie“[53] – hier der Sprache! Paradebeispiele sind etwa die Geschichte der Verneinung in allen Sprachen, besonders auch im Englischen[54], die Geschichte der Grußformeln (etwa *God be with ye* zu *Good-bye*) oder die *emotional variants* für den Begriff „sehr“ im Laufe der Geschichte und heute, etwa *greatly* (in *I am greatly delighted*, *I greatly hope* etc.), *highly*, *vastly* (*amused* etc.), *awfully* (*happy*, *kind* etc.), *dreadfully* (*annoyed* etc.), *terribly* (*worried* etc.), *mighty* (*funny* etc.), *utterly*, *enormously*, *tremendously* (*proud* etc.), *absolutely* (*sure* etc.) wie überhaupt der ständige Wechsel der Gradadverbien.[55]

Wenn auch mit diesen beiden Grundfunktionen die sprachliche Leistung nicht völlig erfaßt ist, so bieten sie doch immerhin eine wertvolle Methode, um den dialektischen Zusammenhang von sonst unverbundenen Einzelerscheinungen herzustellen. Meist treten die Zweck- und Ausdruckstätigkeit in einem stärkeren oder schwächeren Mischungsverhältnis auf. Wie im menschlichen Leben und Handeln gibt es auch beim menschlichen Sprechen und in der menschlichen Sprache keine reine Zweck- oder Ausdruckstätigkeit. Das menschliche Ausdrucksbedürfnis und das Zweckbedürfnis überlagern und durchkreuzen sich unaufhörlich bei allen Sprechern und in allen Sprachen zu allen Zeiten, bald mehr, bald weniger.

[52] Wilhelm Horn, Schwächung und Stärkung des Sprachkörpers – Zweck und Ausdruck in der Sprachentwicklung, mit Beispielen aus der englischen Sprache. In: „Archiv für das Studium der neueren Sprachen“ Band 186, 1949, S. 65–82, Zitat auf S. 80.

[53] Kollektiv, Grundlagen des Marxismus-Leninismus. Moskau–Berlin, Dietz-Verlag, 1960, S. 93.

[54] Wilhelm Horn, Zweck und Ausdruck in der Sprache – Die Verneinung im Englischen. In: „Anglica – Festschrift für Alois Brandl“, „Palaestra“ Band 147, 1925, S. 1–18.

[55] Gustav Kirchner, Gradadverbien im heutigen Englisch. Halle 1955.

Besondere Anstrengungen wurden und werden von uns auch auf dem Gebiet der Lexikographie unternommen. In einer Untersuchung über die Geschichte des englisch-amerikanischen Wörterbuches, die auch eine kritische Einschätzung der englischen Standardwörterbücher unserer Zeit gibt, habe ich zum Abschluß die Folgerungen für die Abfassung eines modernen Ansprüchen genügenden englischen Wörterbuches gezogen.[56] Als eigener Beitrag zur altenglischen Lexikographie liegt mein als Sonderband erschienenes altenglisches etymologisches Wörterbuch[57] zu meiner altenglischen Anthologie[58] vor. Eine umfassende wortkundliche Untersuchung auf einem ebenso alltäglichen wie wichtigen Gebiet ist die von mir angeregte und betreute Dissertation Genzels.[59] Ein Rezensent schrieb über dieses Buch: „Jede semantische Arbeit innerhalb der Anglistik wird freudig begrüßt, und das besonders, wenn es eine so fleißige und gut fundierte Untersuchung wie die vorliegende ist. Die Anglistik steht hier erst ganz am Anfang ... und Genzel umreißt mit seiner lexikographisch-onomasiologischen Darstellung der wesentlichen Lebensfunktionen bei Mensch und Säugetier ein recht großes Gebiet aus dem Sektor des Neuenglischen."[60]

In dieser Arbeit wird ein umfangreicher Wortschatz zusammengetragen und behandelt, der in den gewöhnlichen englischen Wörterbüchern aus Gründen sprachlichen Tabus nicht zu finden ist, obgleich er in einer Fülle von Bezeichnungen seinen sprachlichen Ausdruck und in neuester Zeit auch seinen literarischen Niederschlag gefunden hat. Der Verfasser mußte das Wortmaterial in mühevoller eigener Sammelarbeit mit viel Fleiß und Takt aus den mannigfaltigsten Quellen heraussuchen.

Von zwei unserer ehemaligen Schüler und späteren Mitarbeiter am Englisch-Amerikanischen Institut der Humboldt-Universität zu Berlin, Dr. Hildegard Schumann (jetzt Prof. in Rostock) und Dr. Erich Gronke, wurde die Kollektivausgabe eines deutsch-englischen Bildwörterbuches

[56] Martin Lehnert, Das englische Wörterbuch in Vergangenheit und Gegenwart. In: „Zeitschrift für Anglistik und Amerikanistik" 4. Jg., 1956, S. 265–323.

[57] Martin Lehnert, Poetry and Prose of the Anglo-Saxons. Dictionary. Berlin 1956.

[58] Martin Lehnert, Poetry and Prose of the Anglo-Saxons. Texts. With Introduction, Translation, and Bibliographies. Halle 1960², Berlin 1955.

[59] Peter Genzel, Die Lebensfunktionen der Menschen und Säugetiere im Spiegel der englischen Sprache. Halle 1959.

[60] Broder Carstensen in der „Zeitschrift für englische Philologie" Band 78, 1960, S. 476.

besorgt.[61] Darin bemüht man sich, die wichtigsten Bereiche unseres Lebens in Wort und Bild zu erfassen und gegenwartsnah zu gestalten, wobei man auch hier auf die Erfassung der neuesten englischen Bezeichnungen den größten Wert legte.

Mit der Sprache der englischen Geschäftswelt beschäftigte sich unser Lektor Dr. G. Wichmann, der in seinem Buch eine Sammlung von Originalbriefen und Dokumenten vorlegt, die unmittelbar aus der Außenhandelspraxis der DDR stammen und den aktuellen amerikanischen und englischen kommerziellen Wort- und Phrasenschatz vermitteln. „Sie soll Studierenden, die über einen guten englischen Wortschatz verfügen und einen Überblick über die wichtigsten Erscheinungen der englischen Grammatik haben, eine erste Anleitung sein, übliche englische Außenhandelskorrespondenz abzufassen und zu übersetzen."[62]

Als wichtige und dringend benötigte Ergänzung zu allen bestehenden deutsch-englischen Wörterbüchern haben anfangs die Studierenden des Englisch-Amerikanischen Instituts der Humboldt-Universität zu Berlin unter Anleitung meines Assistenten Dr. Klaus Hansen, danach seit 1964 in verstärkter, umfangreicherer und fundierterer Form meine beiden Mitarbeiter an der Anglistischen Arbeitsstelle der Deutschen Akademie der Wissenschaften zu Berlin ein „Wörterbuch der sozialistischen Terminologie" unter meiner Leitung erarbeitet, das nunmehr als Manuskript für den Druck zubereitet wird.[63] Ein alphabetisches englisch-deutsches Verzeichnis im Anhang wird die Benutzung des Wörterbuches nach beiden Richtungen hin ermöglichen. Mit diesem Wörterbuch soll der deutsch- und englischsprachigen Welt sowohl ein praktisches Handbuch als auch ein kulturgeschichtliches sprachliches Dokument der letzten zwei Jahrzehnte nach dem Zusammenbruch Hitlerdeutschlands und seiner faschistischen Ideologie in der Deutschen Demokratischen Republik gegeben werden. Die Terminologie der sozialistischen Begriffswelt wird im weitesten Sinne gefaßt, um den Übersetzern und Dolmetschern weitgehend zu helfen. Das umfangreiche Belegmaterial von rund 6500 deutschen Stichwörtern, 9500 englischen Übersetzungsvarianten und 25000 Belegen stammt aus den mannigfaltigsten Quellen. Es ist unser Ziel, eine repräsentative Auswahl der Belege unter dem Gesichtspunkt sachlicher Richtigkeit und des

[61] Bildwörterbuch Deutsch und Englisch – Picture Vocabulary German and English. Leipzig, Verlag Enzyklopädie, 1957 u. ö.

[62] Günter Wichmann, Englische Geschäftsbriefe. Berlin, Verlag Die Wirtschaft, 1958, 1965³.

[63] Martin Lehnert–Manfred Schentke–Manfred Schramm, Wörterbuch der sozialistischen Terminologie. Berlin, Deutsche Akademie der Wiss.

guten und möglichst allgemein verständlichen Englisch zu bieten. Die Belege stammen zu einer Hälfte aus kapitalistischen, zur anderen Hälfte aus sozialistischen Quellen; zwei Drittel von ihnen sind amerikanisch-britischer Herkunft, ein Drittel sind Übersetzungen. Bei gemeinsamen Beratungen mit leitenden Vertretern der Praxis wurde immer wieder auf die große Bedeutung dieses Wörterbuches für alle täglich mit der englischen Sprache umgehenden Menschen im Übersetzungs-, Dolmetscher-, Nachrichten- und Vermittlungsdienst mit englischsprachigen Ländern und Völkern insgemein hingewiesen. Nicht zuletzt soll dieses Wörterbuch auch der Völkerverständigung und dem Völkerfrieden dienen.

Eine wortkundliche Untersuchung gilt den Einflüssen der englischen Sprache auf den deutschen ökonomischen Wortschatz.[64]

Nach dem endgültigen Abschluß unseres „Wörterbuches der sozialistischen Terminologie" werden wir in der Anglistischen Arbeitsstelle der Deutschen Akademie der Wissenschaften zu Berlin ein „Rückläufiges Wörterbuch der englischen Sprache der Gegenwart" mit einem Umfang von etwa 150000 Wörtern als Seitenstück zum Rückläufigen Wörterbuch der russischen Sprache der Gegenwart von Hans Holm Bielfeldt (2., unveränderte Auflage, Berlin, Akademie-Verlag, 1965) und zum Rückläufigen Wörterbuch der deutschen Gegenwartssprache von Erich Mater (Leipzig, VEB Bibliographisches Institut, 1965) verfassen. Danach wollen wir ein „Etymologisches englisches Wörterbuch" mittleren Umfanges in Angriff nehmen, da alle bestehenden Wörterbücher dieser Art entweder veraltet oder unzureichend sind.

Bei unserer Beschäftigung mit der englischen Wortkunde gerieten wir immer wieder auf das wichtige Gebiet der Wortbildung. In einem Aufsatz zeigt mein Habil.-Assistent Dr. Hansen die Bedeutung der Worttypenlehre für die Abfassung eines englischen Wörterbuches.[65] Er geht von einer wichtigen Anregung Prof. Funkes aus, die dieser gelegentlich der Besprechung von H. Koziols „Handbuch der englischen Wortbildungslehre" (Heidelberg 1937) gab: „Der Name ‚Wortbildung' trägt meines Erachtens in sich ein genetisches Moment, nämlich die Frage nach dem Entstehen der Worttypen. Ich glaube, man sollte theoretisch scheiden zwischen einer Worttypenlehre (deskriptiv, synchronistisch) und einer Wortbildungslehre

[64] Gustav Hagen, Englische Einflüsse auf den deutschen ökonomischen Wortschatz von Adam Smith bis Karl Marx (in Arbeit befindl. Diss.).

[65] Klaus Hansen, Die Bedeutung der Worttypenlehre für das englische Wörterbuch. In: „Zeitschrift für Anglistik und Amerikanistik" 14. Jg. 1966, S. 160 – 178.

(genetisch, diachronistisch)."[66] Sprachmittler und Sprachvermittler brauchen vorrangig die Kenntnis der Grundtypen in ihrer heute bestehenden Form, um so einen Einblick in die Struktur der fremden Wörter zu erhalten und damit die Fähigkeit zur Erschließung bereits bestehender unbekannter Wörter. In dieser Hinsicht geben die bestehenden englischen Wörterbücher ihren Benutzern nur mangelhafte Hilfe und Auskunft. Hansen hat nun die bestehenden ein- und zweisprachigen englisch-deutschen Standardwörterbücher daraufhin systematisch geprüft und ist zu folgenden Schlußfolgerungen gelangt: 1. Die Affixe (Präfixe und Suffixe), vor allem die Suffixe, müssen zahlreicher als bisher Eingang in englische Wörterbücher finden, auch in die kleinen, um den Benutzern den Zugang zu darin noch nicht verzeichneten Wörtern zu ermöglichen. 2. Die Angaben zu den Affixen müssen, soweit in den Wörterbüchern bereits vorhanden, vor allem präzisiert und analysiert werden, damit man die Bedeutung unbekannter Ableitungen selber erschließen kann. 3. Den englischen Wörterbüchern sollten im Anhang Hinweise zur Analyse der Worttypen im modernen Englisch beigefügt werden, die sich einer alphabetischen Wörterbucherfassung entziehen, jedoch für die Erschließung des Wortschatzes von großer Bedeutung sind; dazu gehören vor allem die Typen des Kompositums sowie der Null- und der Rückableitung.

Zur allgemeinen Vermittlung der Kenntnis der häufigsten lebendigen Wortbildungsmuster des modernen Englisch hat Dr. Hansen einen „Abriß der modernen englischen Wortbildung" verfaßt[67], der weitgehend auf Prof. Marchands umfassenderem Handbuch der englischen Wortbildungslehre[68] beruht, jedoch eine Reihe eigener Forschungsergebnisse einbezieht. Über Ziel und Zweck dieses Lehrbriefes heißt es im Vorwort: „Die Wortbildung ist zu Unrecht bislang im Englischunterricht vernachlässigt worden. Die Kenntnis der Struktur englischer Wörter und ihrer wichtigsten Bauelemente, d. h. die Kenntnis der häufigsten lebendigen Wortbildungsmuster des modernen Englisch, erweist sich jedoch heute mehr denn je als geradezu unumgängliche Voraussetzung für die Erschließung seines ständig anschwellenden Vokabulars. Die Wortbildungslehre ist längst zur unentbehrlichen Ergänzung des Wörterbuches geworden, das kaum noch mit der raschen Entwicklung des Wortschatzes Schritt zu halten vermag. Sie

66 Otto Funke, Englische Sprachkunde – Ein Überblick ab 1935. Bern 1950, S. 124.

67 Klaus Hansen, Abriß der modernen englischen Wortbildung. Lehrbrief für das Fernstudium der Lehrer. Berlin–Potsdam 1964.

68 Hans Marchand, The Categories and Types of Present-Day English Word-Formation. Wiesbaden 1960.

leistet dem Lernenden überdies große Hilfe bei der Aneignung und Memorierung der fremden Wörter, indem sie deren Bauweise sichtbar werden läßt und so den Lernprozeß systematisiert und rationalisiert."

Sehr wichtig für den Englischunterricht ist auch die von meinen Schülern Dr. Arnold und Dr. Hansen für die Praxis des Sprachunterrichts im Direkt- und Fernstudium an den Universitäten und Hochschulen der DDR bestimmte Darstellung der „Phonetik der englischen Sprache".[69] Inhalt und Aufbau des Bändchens wurden daher hauptsächlich durch praktische Gesichtspunkte bestimmt. Im Anschluß an neuere Darlegungen[70] werden in diesem Buch auch die gesetzmäßigen Beziehungen zwischen der im Englischen weit auseinanderklaffenden Schreibung und Aussprache aufgezeigt, d. h. Ausspracheregeln gegeben.

Eine gedrängte Darstellung der historischen Entwicklung der englischen Sprache von ihren Anfängen bis heute ist von mir in Angriff genommen und im alt- und mittelenglischen Teil im Manuskript bereits fertiggestellt worden.[71] In dieses Handbuch für Studierende werden in erweiterter und erneuerter Form auch mein mehrfach aufgelegtes „Altenglisches Elementarbuch"[72] und mein kleiner Mittelenglischer Abriß[73] eingehen. Auf dem Gebiet der mittelenglischen Lautlehre erschien vor einigen Jahren auch die „Einführung in das Studium des Mittelenglischen" meines Schülers Prof. R. Berndt. In seinem umfangreichen Buch wird unter Zugrundelegung des Prologs der „Canterbury Tales" Chaucers „ein möglichst vollständiger und dem gegenwärtigen Forschungsstand entsprechender Überblick über den lautlichen Entwicklungsgang des Englischen bis etwa 1400 angestrebt".[74]

69 Roland Arnold–Klaus Hansen, Phonetik der englischen Sprache – Eine Einführung. Leipzig 1965.

70 Axel Wijk, Regularized English – An Investigation into the English Spelling Reform Problem with a New, Detailed Plan for a Possible Solution. Stockholm 1959. – Martin Lehnert, Schreibung und Aussprache im Englischen. In: „Sitzungsberichte der Deutschen Akademie der Wissenschaften zu Berlin", Klasse für Sprachen, Literatur und Kunst, Jg. 1963, Nr. 3, Berlin 1963. Auch in der ZAA, 10. Jg., 1962, S. 341–368 abgedruckt.

71 Martin Lehnert, Abriß der englischen Sprachgeschichte. Berlin–Leipzig 1967 (?).

72 Martin Lehnert, Altenglisches Elementarbuch – Einführung, Grammatik, Texte mit Übersetzung und Wörterbuch. Sammlung Göschen 1125. Berlin 1939^1, 1950^2, 1955^3, 1959^4, 1962^5, 1965^6.

73 Martin Lehnert, Grundriß der mittelenglischen Laut- und Formenlehre. Für das Englische Proseminar der Universität Berlin. Würzburg 1940.

74 Rolf Berndt, Einführung in das Studium des Mittelenglischen unter Zugrundelegung das Prologs der „Canterbury Tales". Halle 1960.

Als von mir angeregte und betreute Habilitationsschriften liegen vor die Arbeiten meiner Schüler Prof. Dr. Berndt (Greifswald)[75] und Doz. Dr. Graband (Technische Universität in Westberlin)[76], während sich die Untersuchungen der Ass.-Habilitanden Dr. Arnold (Greifswald)[77] und Dr. Hansen (Berlin)[78] noch in Arbeit befinden.

Alter und weitverbreiteter Gepflogenheit entsprechend wird die alt- und mittelenglische Literaturgeschichte weitgehend auch in unserem Institut von dem Inhaber des sprachwissenschaftlichen Lehrstuhls vertreten. Eine ausgewählte Beowulf-Ausgabe mit Einleitung und Kommentar dient seit langem als erste Einführung der Studierenden in die Sprache des ältesten vollständig erhaltenen germanischen Epos in alliterierenden Langzeilen.[79] Eine zweisprachige Ausgabe von Geoffrey Chaucers unsterblichen Canterbury-Erzählungen in Auswahl erschien 1962[80] und etwas später eine einsprachige deutsche, für weitere Kreise bestimmte Ausgabe mit künstlerisch wertvollen Illustrationen von Prof. Werner Klemke.[81]

Besonders eng ist die Zusammenarbeit der Vertreter des anglistischen sprachwissenschaftlichen und literaturwissenschaftlichen Lehrstuhls auf dem Gebiet der Shakespeare-Forschung. Bescheidene Beiträge zu den

75 Rolf Berndt, Die Sprachsituation in England in den ersten dreieinhalb Jahrhunderten nach der normannischen Eroberung (ungedruckte Habil.-Schrift), Rostock 1963. Eine Teilstudie daraus bringt der Aufsatz von Rolf Berndt, The Linguistic Situation in England from the Norman Conquest to the Loss of Normandy (1066–1204). In: „Philologica Pragensia" Band VIII, 1965, S. 145–163.

76 Gerhard Graband, Die Entwicklung der frühneuenglischen Nominalflexion, dargestellt vornehmlich auf Grund von Grammatikerzeugnissen des 17. Jahrhunderts. In: „Studien zur englischen Philologie", Neue Folge, Band 7. Tübingen 1965.

77 Roland Arnold, Die sprachlichen Charakterisierungsmittel für Unbildung im modernen englischen Roman (in Arbeit).

78 Klaus Hansen, Beiträge zur modernen englischen Worttypenlehre (in Arbeit).

79 Martin Lehnert, Beowulf – Eine Auswahl mit Einführung, teilweiser Übersetzung, Anmerkungen und etymologischem Wörterbuch. Sammlung Göschen Band 1135, Berlin 1939[1], 1949[2], 1959[3], 1966[4].

80 Geoffrey Chaucer, Ausgewählte Canterbury-Erzählungen – Englisch und Deutsch. Mit Einleitung und Erklärungen herausgegeben von Martin Lehnert. Halle 1962.

81 Geoffrey Chaucer, Canterbury-Erzählungen. Herausgegeben von Martin Lehnert. Ausstattung und Illustrationen: Werner Klemke. Berlin 1963[1], 1965[2].

literaturgeschichtlichen Forschungen und Publikationen meiner Kollegen Prof. Schlösser und Prof. Weimann auf diesem Gebiete sollen meine Überarbeitung von Meißners Shakespeare-Bändchen[82] und meine Untersuchungen über unsere heutige Stellung zu Shakespeares Sprache[83], über Arthur Murphys Hamlet-Parodie von 1772 auf den größten englischen Schauspieler David Garrick und sein Verhältnis zu Shakespeare[84] sowie über Shakespeare und Chaucer[85] sein. In einem größeren Aufsatz habe ich über die Shakespeare-Pflege in Deutschland während der letzten hundert Jahre im Rahmen der Deutschen Shakespeare-Gesellschaft, die im Jahre 1864 gegründet wurde, gehandelt.[86]

Eine Spezialuntersuchung ist der Sprache des englischen Kinderliedes (*nursery rhyme*) gewidmet, welches die erste Begegnung des aufwachsenden Menschen mit der „Literatur" darstellt.[87] An diesen englischen Kinderreimen, die in unserer Zeit wiederholt gesammelt und veröffentlicht worden sind[88], fällt besonders das Beharrungsvermögen der Kinder auf, die durch Jahrhunderte, oft sogar durch Jahrtausende, die gleichen Spiele mit den gleichen Reimen, Rhythmen und Sprachformen verwenden. Auf dieser frühen Sprachstufe beginnt das Kind erstmalig über sprachliche Zeichen zu verfügen

[82] Paul Meißner, Shakespeare. Zweite Auflage bearbeitet von Martin Lehnert. Göschen Band 1142. Berlin 1954.

[83] Martin Lehnert, Shakespeares Sprache und Wir. Berlin, Akademie-Verlag, 1963.

[84] Martin Lehnert, Arthur Murphys Hamlet-Parodie (1772) auf David Garrick. In: „Shakespeare-Jahrbuch der Deutschen Shakespeare-Gesellschaft" Band 102, S. 97–167, Weimar 1966.

[85] Martin Lehnert, Shakespeare und Chaucer. Festvortrag am 23. April 1966. In: „Shakespeare-Jahrbuch der Deutschen Shakespeare-Gesellschaft" Band 103, Weimar 1967.

[86] Martin Lehnert, Hundert Jahre Deutsche Shakespeare-Gesellschaft. In: „Festschrift zum Shakespeare-Jubiläum 1964", S. 1–40 und im „Shakespeare-Jahrbuch der Deutschen Shakespeare-Gesellschaft" Band 100/101 (1964/1965), S. 9–54, Weimar 1965.

[87] Martin Lehnert, Die Sprache der englischen Kinderstube. In: „Festschrift für Walther Fischer", Heidelberg 1959, S. 270–301 und in der „Festschrift zur 150-Jahr-Feier der Humboldt-Universität zu Berlin" Band III, S. 213–242, Berlin 1960.

[88] Iona and Peter Opie, The Oxford Nursery Rhyme Book. Oxford 1955. – A. H. Watson, Nursery Rhymes. London–New York 1958. – Roger Lancelyn Green, The Book of Nonsense. London–New York 1956, 1958. – N. M. Demurowa–T. M. Iwanowa, An Anthology of Children's Literature. Moskau–Leningrad 1965.

und erwirbt sich in einem merkwürdigen Gemisch von lernendem Übernehmen und schöpferischem Verhalten langsam die Vollsprache der Erwachsenen.

Auch bei der Begutachtung fast aller Dissertationen arbeiten der Linguist und der Literat zusammen. Aus der großen Zahl der nach alter Berliner anglistischen Tradition unter beider Leitung angefertigten Dissertations- und Habilitationsschriften möchte ich eine noch in Arbeit befindliche Dissertation über den Einfluß des Englischen auf die Sprache Bertolt Brechts herausheben.[89] Es handelt sich um ein typisches Grenzthema, das den Linguisten wie den Literaten, den Anglisten wie den Germanisten in gleicher Weise angeht und von aktueller Bedeutung für alle ist. „Sprache im Exil" hat der 1955 in Berlin verstorbene sozialistische Schriftsteller F. C. Weiskopf diese auffällige Erscheinung genannt.[90] Er machte mit Nachdruck auf die Auswirkungen der „Sprachmisere" aufmerksam, der die exilierten deutschen Dichter und Schriftsteller zur Zeit der nazistischen Diktatur ausgesetzt waren. Der erzwungene Aufenthalt im fremden Land konnte nicht ohne Einfluß auf ihre Sprache bleiben und ist bei allen in geringerem oder stärkerem Maße spürbar und nachweisbar. Lion Feuchtwanger, den Weiskopf in seinem Aufsatz zitiert, sagt darüber folgendes: „Allmählich, ob wir es wollen oder nicht, werden wir selber verändert von der neuen Umwelt, und mit uns verändert sich alles, was wir schaffen. Es gibt keinen Weg zur inneren Vision als den über die äußere. Das neue Land, in dem wir leben, beeinflußt die Wahl unserer Stoffe, beeinflußt die Form. Die äußere Landschaft des Dichters verändert seine innere . . . Immer und für alles haben wir den Klang der fremden Sprache im Ohr, ihre Zeichen dringen täglich, stündlich auf uns ein, sie knabbern an unserem eigenen Ausdrucksvermögen. Einem jeden von uns kommt es vor, daß sich manchmal das fremde Wort, der fremde Tonfall an die erste Stelle drängt."[91] So hat das Englische auch auf die Sprachgestaltung Brechts einen tiefgehenden und nachhaltigen Einfluß ausgeübt, wobei nach Wojciks bisherigen Ermittlungen der Einfluß englischen Sprachgutes nicht allein auf den Aufenthalt Brechts im amerikanischen Exil zurückzuführen ist. Daß sich der Anglist mit einem Gegenstand beschäftigt, der an und für sich in den Forschungsbereich der Germanistik gehört, erklärt sich vornehmlich daraus, daß „er doch allein die Mittel hat, die feineren Aspekte dieses Einflusses (Bedeutungsentlehnung, Idiom-Übernahme) überhaupt zu erkennen."[92] Die Haupt-

[89] Manfred Wojcik, Der Einfluß des Englischen auf die Sprache Bertolt Brechts. Diss. Berlin (1967).

[90] Franz Carl Weiskopf, Verteidigung der deutschen Sprache. Berlin 1960, S. 114–126.

[91] Derselbe S. 114 und 123.

[92] Ernst Leisi (s. Anm. 20), S. 222.

ziele der Untersuchung bestehen darin, 1. den englischen Einfluß auf die Sprache Brechts sichtbar zu machen, 2. die objektiven und subjektiven Bedingungen darzustellen, die diesen ermöglichten, 3. eine Beurteilung dieses Einflusses vom sprachphilosophischen und ästhetischen Standpunkt zu versuchen. Ein in die gleiche Richtung weisendes Thema mit derselben Problematik wurde schon vor mehreren Jahren in gedrängter Form behandelt.[93]

Ähnliche sprachliche Probleme wie für die deutschsprachigen Schriftsteller in fremdsprachigen Ländern bestehen seit längerem auch für die englischsprachigen Schriftsteller, die freiwillig oder unfreiwillig ihren Wohnsitz von einem englischsprachigen Teil der Welt in einen anderen wechseln, etwa von England nach Amerika oder umgekehrt. Die damit verbundene Erscheinung des „expatriate poet's style" hat Prof. Galinsky am Beispiel T. S. Eliots (1888–1965) und W. H. Audens (1907) dargestellt: „With Eliot, the problem of the expatriate poet's style centres on the choice, deliberate or not, of what to retain of his native American English of Missouri and New England provenience, of what to adopt of British speech features, and to what extent to prefer the ‚common ground', that which has been aptly called ‚worldwide Standard English'.[94] With Auden, the problem is partly exactly complementary, partly exactly the same."[95]

Ich hoffe, mit dieser gedrängten Übersicht über eine Reihe sachlich und methodisch belangvoller Arbeiten besonders im letzten Jahrzehnt einen kleinen Einblick in die Arbeitsweise und Ergebnisse unserer Berliner anglistischen Sprachwissenschaft an der Humboldt-Universität und der Deutschen Akademie der Wissenschaften, vielleicht sogar ein kleines Stück Wissenschaftsgeschichte, gegeben zu haben.

Wie eingangs erwähnt, besteht die Anglistik an der Humboldt-Universität zu Berlin aus drei Teilgebieten mit drei vollwertig besetzten Lehrstühlen für 1. englische Sprachwissenschaft, 2. englische Literaturwissenschaft, 3. Amerikanistik (Sprache und Literatur der USA). Wenn in der vorliegenden Darstellung in einseitiger Weise vorwiegend nur von der Berliner anglistischen Sprachwissenschaft die Rede war, so erklärt sich das ausschließlich daraus, daß die beiden letzteren Disziplinen leider noch keinen Vertreter in der Deutschen Akademie der Wissenschaften zu Berlin haben.

[93] Rudolf Löwe, Der Einfluß des Englischen auf die Sprache von Karl Marx – Ein Beitrag zur Textkritik des „Kapital". In: „Zeitschrift für Anglistik und Amerikanistik" 5. Jg. 1957, S. 153–165.

[94] David Abercrombie, Problems and Principles – Studies in the Teaching of English as a Second Language. London 1959, p. 46.

[95] Hans Galinsky, The Expatriate Poet's Style with Reference to T. S. Eliot and W. H. Auden. In: „English Studies Today", 3rd series, Edinburgh 1964, pp. 215–226, Zitat auf p. 216.

Kolibri 360 GmbH
Ferdinand-Jühlke-Straße 7
99095 Erfurt, Deutschland
produktsicherheit@kolibri360.de